科技史里看中国

元
天文历法进入新高峰

王小甫◆主编

人民东方出版传媒
People's Oriental Publishing & Media
东方出版社
The Oriental Press

图书在版编目（CIP）数据

科技史里看中国 . 元 : 天文历法进入新高峰 / 王小
甫主编 . —— 北京 : 东方出版社 , 2024.3

ISBN 978-7-5207-3743-2

Ⅰ.①科… Ⅱ.①王… Ⅲ.①科学技术—技术史—中
国—少儿读物②古历法—中国—元代—少儿读物 Ⅳ.
① N092-49 ② P194.3-49

中国国家版本馆 CIP 数据核字 (2023) 第 214194 号

科技史里看中国 元：天文历法进入新高峰
（KEJISHI LI KAN ZHONGGUO YUAN: TIANWEN LIFA JINRU XIN GAOFENG）

王小甫 主编

策划编辑：鲁艳芳		责任编辑：金　琪	
出　　版：东方出版社			
发　　行：人民东方出版传媒有限公司			
地　　址：北京市东城区朝阳门内大街166号		邮　编：100010	
印　　刷：华睿林（天津）印刷有限公司		版　次：2024年3月第1版	
印　　次：2024年3月北京第1次印刷		开　本：787毫米×1092毫米　1/16	
印　　张：5		字　数：67千字	
书　　号：ISBN 978-7-5207-3743-2		定　价：300.00元（全10册）	
发行电话：（010）85924663　85924644　85924641			

我很好奇，没有发达的科技，古人是怎样生活的呢？

娜娜，古人的生活会不会很枯燥呢？

娜娜
四年级小学生，喜欢历史，充满好奇心。

旺旺
一只会说话的田园犬。

古人的生活可不枯燥。他们铸造了精美实用的青铜"冰箱"，纺织了薄如蝉翼的轻纱；他们面朝黄土，创造了农用机械，提高了劳作效率；他们仰望星空，发明了天文观测仪器，记录了日食、彗星；他们建造了雕梁画栋的建筑，烧制了美轮美奂的瓷器……这些科技成就影响了古人的生活，推动了中华文明的历史的进程，甚至传播到世界各地，促进了人类文明的进步。

中华民族历史悠久，每个时期都有重要的科技发展。我们一起去参观这些灿烂文明留下的痕迹吧，以朝代为序，由我来讲解不同时期的科技发展历史，让我们一起从科技史里看中国！

机器人洋洋
博物馆机器人，数据库里储存了很多历史知识。

目录

这是一座观星台，它本身也是一个巨大的天文仪器。

旺旺，你脚下的石头，也是天文仪器的一部分哦。

啊？

这条长石叫量天尺，和观星台一起组成了一个类似圭表类的机械。

这是我见过最大的天文仪器了！

超大号的圭表

元朝皇帝忽必烈把金朝和宋朝司天监的人才全部集中到大都，组建了当时世界上规模最大的天文研究机构司天监，还在全国多地建造了天文台。我国现存最早的天文台建筑——位于河南登封的观星台就修建于元朝。

元大都的天文台——司天台由科学家郭守敬等人创立。郭守敬在司天台任职期间，研制和改良了20多种天文仪器。他还用这些仪器考证了多项天文数据：回归年长度；1280年的冬至时刻及太阳位置；月亮在近地点的时刻以及二十四节气时，大都日出、日落时刻等。

郭守敬像

小知识

圭表是利用日影进行测量的天文仪器，早在史前时期就已出现。郭守敬根据圭表的原理，主持修建了登封观星台，以建筑直壁充当了"四丈高表"的表身，与台前的36块石圭组成了巨大圭表。

景符

　　景符是"四丈高表"的辅助仪器。景符利用小孔成像原理，使高表横梁所投虚影成为精确实像，清晰地投射在圭面上，达到了当时人类测影史上的高精度。

明制"八尺圭表"

　　明朝根据郭守敬的"四丈高表"制作了"八尺圭表"，现存于南京紫金山天文台。

仰仪

仰仪的主体是一只铜质半球面，半球面的边缘上刻着时辰和方位，相当于地平圈，上面有水槽，用以校正水平。现在河南登封的观星台上依然存放着仰仪。

玲珑仪模型

玲珑仪是具有浑象的外形又有浑仪的用途的全新天象演示工具，球体在水力驱动下，会绕着极轴自动旋转。它是由郭守敬的学生齐履谦创制。

简仪

历史上有多位天文学家都设计过新型浑仪，不断增加其功能，但过多的圆环影响了观测的便利性，所以郭守敬将浑仪改良后制成了简仪。现存于南京紫金山天文台的简仪是于1437年依照原样仿制的，曾在明清两代用于测量。

地平式日晷模型

　　日晷（guǐ）是利用太阳的影子测定时间的仪器，由圭针和刻度表两部分组成。地平式日晷的晷面制作要求非常严格，必须达到水平状态。图中日晷为北京古观象台陈列模型。

月晷模型

　　月晷也叫太阴晷，可以根据月亮方位的变化来显示时刻。月晷由两个同心圆盘和中心的游表组成，一个盘上面有农历初一到三十日的日期，另一个盘上有一天的12时辰。图中月晷为北京古观象台陈列模型。

在司天监工作的天文学家中，有一批来自阿拉伯的科学家，他们也为元朝时中国的天文发展作出了贡献。这些天文学家中最著名的是扎马鲁丁，他把波斯、阿拉伯的天文科学介绍到中国，并发明了一些天文仪器。这些仪器设计巧妙新奇，准确精密，反映了西方天文学的水平和理念。不过扎马鲁丁的发明并没能保存到现在，所以我们只能借由同时期的波斯天文仪器，去想象扎马鲁丁的创新发明了。

小知识

扎马鲁丁任职司天台期间，创制了 7 种天文仪器，它们是多环仪（用来观测太阳运行轨道）、方位仪（用来观测星球方位）、斜纬仪（用来观测日影，定春分、秋分）、平维仪（用来观测日影，定夏至、冬至）、天球仪（天文图像模型）、地球仪和星盘。

扎马鲁丁像

12 世纪波斯天球仪

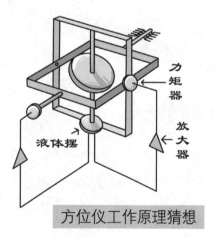

方位仪工作原理猜想

天球仪即天球的模型，是一种用于航海、天文教学和普及天文知识的辅助仪器，一般在一个圆球面上绘有全天 88 星座、各种星名、主要星云、星团和黄道、赤道等。现藏于伊朗国家博物馆。

伟大的科学家郭守敬

元朝初年，人们使用的历法是金朝的《重修大明历》，但这套历法当时累积的误差已经相当严重，于是元世祖忽必烈命人重修历法。天文学家郭守敬和王恂都参与了这项工作。

1277年左右，郭守敬向朝廷建议组织一次全国范围的大规模天文观测，忽必烈接受了建议，派了14名天文学家到国内20多处地点进行天文观测，历史上把这次的观测称为"四海测验"。1280年，郭守敬等人根据天文观测结果，编成了《授时历》，把中国历法体系推向了新的高峰，在世界范围内影响广泛。

《授时历》把每年的天数定为 365.2425 天，也就是 365 天 5 小时 49 分 12 秒。这个结果与现代人测定的地球绕太阳转一圈的时间误差仅为 25.92 秒，准确度远远超过当时世界上的其他历法。

在计算数据、编订历法的过程中，郭守敬等人还创立了"三差内插公式"和"球面三角公式"，对于古代天文学发展具有重要意义。

编写《授时历》

《授时历》正式废除了古代的上元积年，打破了古代制历的习惯。这部历法在我国使用了 300 多年，后来又传入了朝鲜半岛、越南。

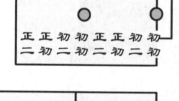

《授时历》中的"时刻约法图"

《授时历》将每月定为 29.530593 日，以无中气之月为闰月——十二中气为雨水、春分、谷雨、小满、夏至、大暑、处暑、秋分、霜降、小雪、冬至和大寒。

在现代钟表出现以前，人们主要用漏刻计时，这是一种根据水流速度计算时间的装置。北宋时，科学家燕肃发明了一种莲花漏，大大提升了漏刻的计时准确性。但这个发明在后来失传了，直到郭守敬将其复原出来，并重新命名为"宝山漏"。

郭守敬还根据水浑仪的运作原理，设计了一种大型机械钟——大明殿灯漏。这件机械看上去是一盏宫灯，其实是一个计时器，还能指示方位。因为机械陈列在皇宫的大明殿上而得名。

大明殿灯漏复原模型

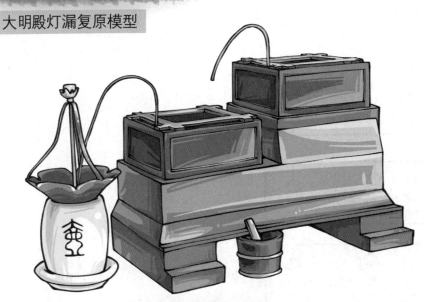

燕肃莲花漏复原模型

莲花漏由上匮、下匮和箭壶组成，通过虹吸管导流。上匮的水不断流入下匮，再由下匮流入箭壶中，箭壶上有浮箭，上面标有时间刻度。

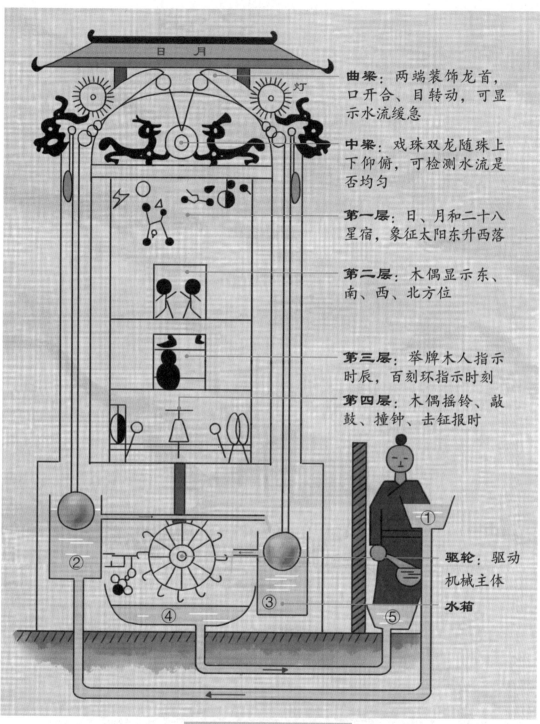

曲梁：两端装饰龙首，口开合、目转动，可显示水流缓急

中梁：戏珠双龙随珠上下仰俯，可检测水流是否均匀

第一层：日、月和二十八星宿，象征太阳东升西落

第二层：木偶显示东、南、西、北方位

第三层：举牌木人指示时辰，百刻环指示时刻

第四层：木偶摇铃、敲鼓、撞钟、击钲报时

驱轮：驱动机械主体

水箱

灯漏水力驱动原理猜想

　　将水注入水箱①，通过类似漏壶而水位恒定的水箱②和水箱③，最终流入水箱④。水流匀速冲击驱轮，带动整个轮轴运转。废水再经由水箱⑤排出。

元大都奠定北京城格局

元朝是我国历史上第一个由少数民族建立的大一统王朝，它的疆域很大，而且把都城建在了北京。不过当时这座城市还不叫北京，而叫"大都"。元大都由元朝开国大臣刘秉忠规划建设，规模宏大、热闹繁华。这里居住着超过 50 万居民，还有大批外国使者、跨国商人、传教士等，可以说是一个国际化的大都会。

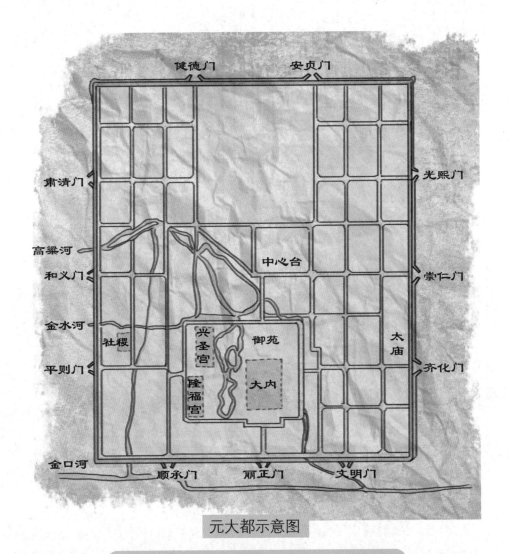

元大都示意图

《元史》称大都"城方六十里，十一门"。

元大都的城市外廓筑有夯土城墙，四角建有角楼，墙外有护城河。东、南、西三面分别开 3 座城门，北边开 2 座城门。宫城位于城市中间偏南的位置，北边毗邻人造湖泊积水潭，全国的物资都可以通过水运直接送抵宫城。

现代北京中轴线局部路况

故宫、天坛、钟鼓楼等明清重要建筑都位于北京中轴线上，只可惜现在这一路上元代建筑已几乎不存在。

元大都的外廓城墙呈左右对称状，南边的丽正门和皇城都位于城市的中轴线上。但这条中轴线从地安门的位置开始却逐渐往西偏移，至钟鼓楼的位置已经与子午线相隔了 300 多米。这条偏斜的中轴线向西北继续延伸 270 多公里后，就到达了忽必烈入主中原前的国都元上都（今内蒙古自治区锡林郭勒盟正蓝旗兆奈曼苏默）。

虽然元大都的大部分建筑已经在元末明初的战争中毁掉了，但这一时期确定的城市框架和中轴线结构却保留了下来。著名建筑学家梁思成曾赞美北京中轴线是"全世界最长，也最伟大的南北中轴线"。

元大都的城墙主体是用土夯实建造的，虽然经受了几百年风雨侵蚀，但仍保留下了一些主体墙基及残存墙体。留存到今天的元代城垣土壕最高处有 12.5 米，最宽处有 31 米，站在这些遗址面前，仍然可以感受到当年元大都城墙的宏伟。

元大都城墙遗址

元大都外廓城墙原总长 28600 米。现在仍有小段城墙遗址残存在北京海淀和朝阳内。为了更好地保护城墙遗址，这里已经建起了遗址公园。

小月河

北京元大都遗址公园西起海淀区学院南路明光村附近，向北到黄亭子后转向，向东延伸经过马甸、祁家豁子。城垣遗址外侧的小月河，就是元大都当年的护城河。

为了让元大都的交通运输更便捷，郭守敬在勘测了河北、山东、江苏的地形和水系后，主持修建了大运河。这条运河跨越了山东地垒，连通了隋朝修建的南北大运河，对连通全国水运交通，促进南北地区之间的经济、文化发展与交流，特别是对沿线地区工农业经济的发展起了巨大作用。从此人们便将这条贯通南北的大运河称为"京杭大运河"。

京杭大运河常州段鸟瞰

隋朝把南北大运河终点落在了洛阳，而元朝把国都定在了更北边的北京，于是把运河向北扩建了几百公里。从此这段运河连通了北京和杭州，"京杭大运河"的名字也由此而来。

为了能让漕船直接开入元大都，郭守敬又主持修建了通惠河。由于运河水源不足，他巧妙规划，从昌平东南的白浮村引泉水至瓮山泊（今昆明湖），再从瓮山泊引水入积水潭—什刹海一带，这样运粮的漕船就可以直接开到积水潭了。郭守敬还命人在通惠河上修建了24道闸门，用以控制水流、保障通航。其中一道闸门的遗址一直保存到现在，被收录进了《世界文化遗产名录》之中。

卢沟桥

卢沟桥位于北京丰台永定河上，建于南宋。元朝的佚名画家在画作《卢沟运筏图》中描绘了河中木筏竞流，桥旁商铺林立的热闹场面。在画中，木筏运来的木材已经堆积如山，车马正在装载。这些细节为研究者还原元代漕运情况提供了参考。

万宁桥

通惠河和元大都中轴线的交汇点是万宁桥。当年，忽必烈就是站在这座桥上，为刚开通的大运河命名为"通惠河"的。

东不压桥遗址

东不压桥位于北京东城，是当时通惠河24闸之一。元朝时闸与桥合为一体，具有水利和交通的双重功能。

妙应寺白塔

元朝存在的时间很短，所以留下的建筑也较少。现在北京城中尚存的元朝建筑，除了城墙和运河遗址，就属妙应寺白塔最著名、保存得最完好了。这座塔由元世祖忽必烈亲自勘察选址，元朝国师亦怜真与尼波罗国（今尼泊尔）建筑家阿尼哥分别负责装藏和建造事宜，是元朝留下的精品建筑。妙应寺白塔也是中国现存年代最早、规模最大的喇嘛塔。

妙应寺白塔始建于1271年，是后世研究元代佛教及其建筑艺术的重要史迹，被认为是北京最古老的标志性建筑。白塔比例匀称，高50.9米，状如覆钵，通体雪白，如同一个巨大的宝葫芦矗立在密集的民居之间。

风格多样的元朝建筑

元朝疆域广阔、民族众多,以藏传佛教为国教,同时提倡道教、伊斯兰教,不同建筑风格的寺庙和谐地并存在中华大地上。从元朝留存至今的建筑中,我们可以清楚地感受到这一时期文化的多样。

位于西藏日喀则的夏鲁寺,是一座藏传佛教寺院,始建于 11 世纪,1333 年重修。在重建的过程中,人们采用了汉藏混合的风格——建筑主体以藏式为主,但加上了汉式建筑的大屋顶,正门也按照汉式建造,使两种风格融为一体。

夏鲁寺殿堂

大殿一层是藏式内院大经堂,二层为四座汉式殿堂,皆采用重檐歇山绿色琉璃顶。这是目前中国唯一一座保留元代汉藏建筑结构的寺庙。这种建筑风格在其他地方极为少见。

夏鲁寺不远处的萨迦寺,也在元朝时扩建了一座 8 根柱子的配殿,俗称"乌孜萨玛殿"。不过在后来的多次修葺中,这座配殿的结构已发生了变化。

宋元时期，海上贸易繁荣，大批阿拉伯商人从海上丝绸之路登陆中国。阿拉伯人不仅带来了香料和宝石，还带来了伊斯兰建筑风格。典型代表如清真寺，以圆穹顶、四圆心的拱门为特色，非常有辨识度。泉州清净寺大门、杭州凤凰寺后窑殿中殿就是这类建筑的典型代表。

泉州清净寺大门门楼

大门由3层4道相连的半穹顶或穹顶尖拱门组成，是很典型的伊斯兰清真寺风格。第一、二重门道顶部为半穹顶，主体风格为伊斯兰穹顶式样，但又融合了汉族建筑中的藻井装饰；第三重门道为圆穹顶，其南北两侧门洞的尖拱下方有支撑构件，风格类似汉族建筑中的雀替。

吐虎鲁克玛扎

"玛扎"即陵墓。这是成吉思汗七世孙吐虎鲁克·帖木耳可汗的陵墓，位于新疆霍城西北38公里处，建于14世纪中叶。陵墓正门为尖拱式，建筑墙壁用蓝、白、紫色琉璃砖拼贴，属于典型的伊斯兰建筑。一旁的白色建筑是吐虎鲁克儿子的陵墓。

小剧场：从天上流下的"天河"

啊？那黄河真是"天河"吗？

当然不是了。汉朝没找到黄河源头，所以编出了这个故事。

汉朝以后，各朝各代都派人去寻找黄河源头。直到元朝，才确定源头的大致范围。

为什么一定要找到黄河源头呢？

咱们接着往后看，你就明白了。

元朝人探寻黄河源头

我们都知道一句俗语"要想富，先修路"，可见交通运输对于经济发展的重要。但在古代，修路可不是一件简单的事，修路时要"逢山开路，遇水架桥"，要是再遇上高原，人们就没办法了。陆路不好走，可以走水路——江河湖海是大自然的造物，不仅能给人类提供饮用水，还是一条天然的交通运输线。只要做好船，顺水航行，就可以很方便地去往很远的地方，所以古人的交通非常依赖水路船运。

因此探明江河走向对于古人建设城镇、规划交通具有重要意义。而黄河作为中华民族的"母亲河"，一直承载着人们的敬畏与好奇，因此从汉朝开始，就不断有旅行家、地理学家想要找到黄河的源头。

1280 年，元世祖忽必烈命令官员都实寻找黄河源头，为建设城镇和驿站、发展交通做准备。在这次考察中，都实来到了星宿海一带，以实地考察的资料明确了河源地区的主支流关系及水文特征。这是元朝进行高原地理勘探的伟大尝试。

小知识

关于黄河源头的水系地图，最早见于元末陶宗仪的《南村辍耕录》一书。书中记载的"星宿海"，就是今天的青海省果洛藏族自治州玛多县。

黄河源头

元朝的地理探索成就

今天我们都知道地球是圆的，并且在不断自转，所以在地球上不同位置的人们，看到太阳、月亮升起的时间不一样，这就是时差。在元朝，第一次有人清晰地记录了这种现象，这个人就是耶律楚材。

1220 年，耶律楚材跟随成吉思汗西征，他在寻斯干城（今乌兹别克斯坦撒马尔罕）目睹了一次月食。根据当时使用的历法《重修大明历》推算，这次月食应该发生在子夜，但身处寻斯干城的耶律楚材却发现"初更未尽"，即还不到晚上 9 点，月食就已经发生了。他由此意识到月食在中原观测到的时间，与在撒马尔罕观测到的时间不同，他将这个由地理之差造成的时间变化现象称为"里差"，并将其编入了自己编纂的《西征庚午元历》中。

耶律楚材发现"里差"

耶律楚材是汉化的契丹人，他精通汉族的历史、诗歌。在跟随成吉思汗西征的过程中，他发现了不同经度的地区时间不一样。

元朝出现一批优秀的地理学家，譬如《舆地图》的作者朱思本。朱思本原来是个道士，他博学广识，有很深厚的地理学造诣。后来，他游历了大半个中国，并根据自己的测绘、调查结果绘制了一幅巨型地图——《舆地图》。元朝疆域庞大，古代的交通工具又不像现代这么发达，所以走遍全国需要耗费很长时间。朱思本一边走，一边丈量和测绘，前后花了10年，才终于完成了《舆地图》的绘制。

　　《舆地图》的长度超过1.6米，以当时的技术不能印制，于是朱思本就把地图刻在龙虎山上的三华院里。这幅地图后来成为明清两朝绘制中国地图的重要范本，但遗憾的是，刻有《舆地图》的原石板后来却不知所终了。

朱思本像

1295 年，元朝地理学家周达观跟随使团出使真腊（今柬埔寨），他在真腊居住了一年，记录下了当地的山川草木、城郭宫室、风俗信仰及工农业贸易等信息，编写了《真腊风土记》一书。这本书后来成为研究柬埔寨吴哥王朝的重要历史资料。

《真腊风土记》内容翔实可靠，很有历史研究价值。1819 年，这本书被译成了法文，传到了欧洲。

周达观出使真腊

在 15 世纪，真腊搬离了吴哥。那些辉煌的庙宇、宫室建筑就这样被淹没在了丛林里，直到几个世纪以后才重新被猎户发现。人们对于吴哥王朝的历史文化、风俗生活了解很少，因此《真腊风土记》中的记述便显得尤为珍贵。

贾鲁治理黄河

黄河在历史上经常改道，每次改道都会带来滔天洪水，危害沿岸百姓。于是古人沿河修建了高大的堤坝来阻止黄河泛滥。但黄河水中夹杂大量泥沙，泥沙堆积在河床上，会缓慢地把河道抬高，所以经年累月之后，河水还是会冲破河堤。1344年，黄河冲破了白茅堤，次年6月又向北冲破了金堤，霎时间今河南、江苏、山东、安徽等地都沦为泽国。为了治理黄河，1351年，官员贾鲁受命带领15万民工和2万军工一起引水修堤。

贾鲁因地制宜，提出了疏堵结合的治河方法，即一边引水一边修堤。为了修建新河道，贾鲁勘查了大量地形，带人在3个多月内挖了140多千米的水渠，把泛滥的黄河引入了新河道，这条引水线路就是今天的贾鲁河。

贾鲁像

<ruby>小知识</ruby>

治河工程从4月开始，7月就凿成河道140多千米。贾鲁的引水路线始于新密，经郑州、中牟，折向南而至开封、尉氏，而后汇入古运河。

贾鲁引水线路图

　　在原有决口上，贾鲁派人开挖出新水道，还修筑了刺水堤，作为基础堵塞决口。他又调派了27条大船，将船分成3排，每排9条船捆绑在一起，在船上装满石块，然后一起沉在了白茅口。这种石船斜堤大大减少了水流的冲击力，降低了合龙的压力，最终将黄河决口堵住了。

　　为了表彰贾鲁的功绩，元顺帝命人修建了"河平碑"立在黄河岸边，贾鲁的治水全过程也被写成《至正河防记》一书供后人参考。

承前启后的造船业

元朝的航运业非常发达，所造的船舶主要有三类：漕船、海船和战船。其中，漕船指在内河运送漕粮的船只。元朝时，京杭大运河通航，全国漕运非常发达。当时由政府、军队管理的船只叫官船，大批量的货物运输均由官船承担；赴京赶考的读书人、上京面圣的官员、离京赴任的官员，也多乘官船往返。官船中主要使用两类船——遮洋船和钻风船。遮洋船平头平底，船体扁浅，适合在沙多滩浅的地方行驶；钻风船的船底也是平的，但船头上翘，多桅杆，可以轻松地在江水和浅海中切换航道。

我们可以想象，当时的运河帆樯如林，码头上货物堆积如山，商贾云集，一片热闹繁荣的景象。

元代钻风船想象图

《续文献通考》中记载，钻风船是载重量比较小的漕船。根据山东聊城和江苏太仓出土的漕船残骸显示，元代的船只已普遍使用水密隔舱和铁钉连接船体的技术。

内河漕船

在更窄的水道中，人们还有一种更窄而长的小漕船可以选用。船的大小、载重量各不相同。

元朝航海贸易发展迅猛，来元朝进行贸易的商人、外国使者，很多都是通过海上而来。这一时期，海运线路主要有4条：一是从北京经运河至黄河入海，前往朝鲜半岛和日本；二是从宁波出发，直渡日本；三是从泉州或广州出发，经过越南到达菲律宾；四是从泉州或广州离港，经过东南亚，前往马尔代夫群岛和斯里兰卡。

为了进行远洋航行，元朝人建造了四桅海船。根据《海道经》记载，这种海船大小不一，小的可以载2000石货物，大的可载8000—9000石。

多艘海船还可组成船队，一起航行，抵御风浪。每一艘四桅海船上配备有2艘小船，这就是元代的"救生艇"，体现了航行人员未雨绸缪的忧患意识。

新安号复原图

1232年，一艘载满瓷器、檀香等货物的海船从宁波港口出发驶向日本的博多港，但船没有到达目的地，沉没在了今韩国新安，后来人们便称这艘船为新安号。考古工作者对新安号的残骸进行了研究，发现其外板板列逐层叠压，呈龟甲状，每一列外板都用铁桦头进行固定，体现了元朝海船的精湛工艺。

元朝为了军事需要，曾大力建造战船、培养水上作战的士兵。一支水军拥有的战船少则几百艘，多则几千艘。据资料记载，元朝所有的战船加起来有 2 万多艘，可见元朝造船能力之强。

1984 年 6 月，在山东蓬莱古城出土了一艘元代战船，这艘战船总长度为 28.6 米、宽 5.6 米，是至今为止发现的最长的一艘古战船，被专家命名为蓬莱古船。这艘战船的船型沿用了弓形龙骨和流线型船身，船体长宽比达到 5:1，保证了战船的行进速度。

蓬莱古船想象图

元代战船复原效果

根据沉没在日本附近的元代战船遗址显示，元代战船多采用弓形龙骨，长度可达100米。龙骨是在船体的基底中央连接船首柱和船尾柱的一个纵向构件，采用弓形龙骨的船抗风浪能力更强，行驶速度更快。

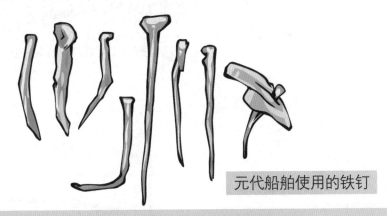

元代船舶使用的铁钉

图中有方钉、钩钉、扁头钉和蘑菇钉。根据山东聊城出土的古船显示，元代船舶普遍使用铁制钉、榫。这些船钉的使用加强了船身的稳定性。

航海家汪大渊

　　14 世纪初，有个年轻的小伙子在看到全世界的贸易商船云集泉州后，对这些外国人的故乡产生了浓厚兴趣，逐渐萌生了去列国周游的想法。1330 年，在他 20 岁时，汪大渊从泉州跟随商船出发，开始了自己的旅行计划——但这时的他也许都没有想到，这一次旅行就花了 5 年时间。

这个小伙子叫汪大渊，他一生中经历了 2 次航海旅行。这 2 次旅行，都几乎游历了半个地球。第一次旅行从泉州出发，先后到达了现在的马六甲海峡、爪哇、苏门答腊、缅甸、印度、波斯、阿拉伯、埃及，然后横渡地中海到了摩洛哥，折返后又去了索马里、莫桑比克，然后横渡印度洋到达斯里兰卡，最后从菲律宾返回了泉州。几年之后，汪大渊再次从泉州出发，这一次他游历了南洋群岛，以及阿拉伯海、波斯湾、红海沿岸国家，并到了现在的澳大利亚，于 1339 年回到了泉州。

汪大渊像

汪大渊到过的地方之多，位置之远，哪怕是近 700 年后的今天，仍令人啧啧称奇。他第二次远行归来后，根据自己的亲身经历写出了《岛夷志略》一书，这本书为我们还原了 14 世纪初东南亚、南亚和北非的社会架构、民俗风情，是非常珍贵的历史资料。比如，汪大渊到达今柬埔寨的时候，吴哥王朝尚在，那些风格奢华的佛教寺庙让他印象深刻。他在书中写道：君王的宫殿前都放着金象、白象、金孔雀、玉石猿猴等宝物，令人眼花缭乱。在随后的苏门答腊之行中，汪大渊访问了盛极一时的三佛齐国。他记录道：这个国家民风彪悍好斗，国内百姓随时响应征兵号召，让三佛齐国成为人人敬畏的南洋一霸。

小知识

三佛齐国又称"室利佛逝"，是存在于 7 世纪至 14 世纪的东南亚海上强国，在其鼎盛时期，势力范围包括马来半岛和巽他群岛的大部分地区。

汪大渊到访三佛齐国

汪大渊离开东南亚后，向西经过印度来到了波斯湾，他登陆了阿拉伯人的巴士拉港。当地居民多如鱼鳞，他们身材修长、外貌俊美，喜欢穿驼毛缝制的白色服饰来抵御昼夜的巨大温差；在市政规划上，这些地方往往整洁华美，有许多美轮美奂的公共水池和喷泉；这里的商人很会讨价还价，对利润看得很重。

汪大渊在巴士拉港交易

接着，汪大渊沿底格里斯河逆流而上，到达了波斯西部和伊斯兰教圣城麦加，然后又从陆路抵达了马穆鲁克统治下的埃及。在埃及，权贵们身披重甲，骑马放鹰，头上包着头巾；贵族出行时有猛兽和黑人奴仆跟随，他们使用的武器镶嵌着金银和名贵珠宝；这个国家的马穆鲁克骑士战斗力十分强劲。

14 世纪早期的马穆鲁克骑士

汪大渊离开埃及后，乘船顺着红海沿岸南下，来到了东非的坦桑尼亚海岸，在这里他目睹了黑奴贸易的繁荣。随后，汪大渊所在的船队穿过索马里海，来到了现在的斯里兰卡。他在这里采购了当地的红珊瑚、猫眼、白豆蔻、木兰皮等特色土产。随后按原路穿越中南半岛，从中国南海回到了泉州。

1337 至 1339 年，汪大渊进行了第二次航海旅行。这一次他除了游历东南亚、南亚、波斯湾以外，还去了现在的澳大利亚。他在书中写道：泉州商人、水手认为澳大利亚是地球最末之岛，将之称为"绝岛"。他还记录了澳大利亚的原住民情况。

汪大渊在澳大利亚

关于澳大利亚原住民，汪大渊描述道：这里的人无论男女都不穿衣服，仅用鸟羽掩身，做饭不生火，过着茹毛饮血的生活；还有些人穿"五色绡短衫"和一块布系成的裙子。

第二次远行归来后，汪大渊应泉州地方官之请，开始整理手记，写出《岛夷志略》。这本书的内容分为 100 条，其中 99 条为他的亲身经历，涉及国家和地区达 220 余个，对研究元代中西交通和海道诸国历史、地理有重要参考价值。汪大渊也因为自己的壮阔旅行被人们称为"东方的马可·波罗"。

更进一步的指向工具

汪大渊能完成超越前人的壮阔旅行，有赖于当时船舶制造技术和航行技术的提升。

元朝使用的指南工具主要是水罗盘，它将方向等分成 24 份，每份用一个汉字表示。在没有几何度数概念的年代，这是一种直观、准确的方位描述方式。元朝人不仅使用罗盘导航，还设计了一种用"针路"描述方位的导航法——将罗盘指针指示的方位连接起来，形成的线路就是"针路"。周达观在自己撰写的《真腊风土记》中就记载了去真腊期间所行的针路。

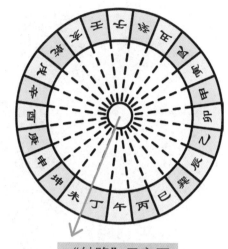

"针路"示意图

《真腊风土记》中记载"自温州开洋，行丁未针"，即从温州出发时，往罗盘的丁、未中间的方向（正南偏西 22.5° 的方向）前进。

另外，南宋末年的《事林广记》中还记载了一种有趣的指南工具——"指南龟"。它的原理是在木龟体内嵌入磁铁，然后把木龟置于竹制的尖顶支柱上，由于地磁场的作用，龟的首尾会分别指示南北。指南龟虽然没有配备方位盘，却是世界上第一种支撑式指南工具。

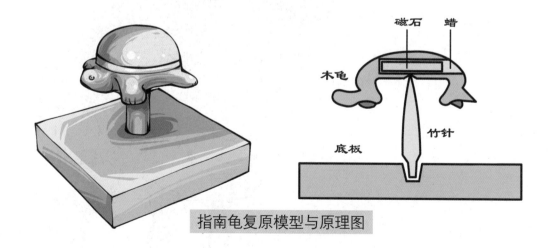

指南龟复原模型与原理图

蒙古武士

元朝建立之前，蒙古铁骑曾在欧亚大陆上所向披靡，这得益于蒙古骑兵的强大。骑兵们穿的铠甲有两类：一类是皮铁混合铠甲，以皮甲为主体配合铁片、铁条保护胸、裆等部位，这种铠甲能减缓敌人武器的冲击力，还能保持穿戴者身体灵活；第二种是纯铁盔甲，可细分为整体构造式和分体构造式。

早期草原缺铁料，因此蒙古骑兵的武器和护甲很少有铁制。后来蒙古通过征战，逐渐控制中原北方和西域，于是征召了很多汉人工匠为他们制作铁甲和铁箭头等。

蒙古重骑兵

蒙古骑兵使用的武器，除常规的弓箭、矛、斧外，还有一种阿拉伯弯刀。弯刀有一个优点，那就是当弯刀砍向某一物体时，因其结构特点，所有的力都会集结在一个点上，而不像其他刀，力会分散到相对长的一个面上，这样弯刀就具备了其他砍杀武器不具备的穿透性。

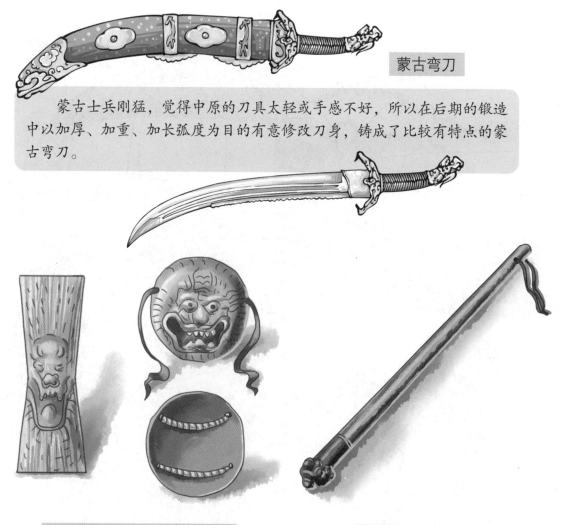

蒙古弯刀

　　蒙古士兵刚猛，觉得中原的刀具太轻或手感不好，所以在后期的锻造中以加厚、加重、加长弧度为目的有意修改刀身，铸成了比较有特点的蒙古弯刀。

元军队手牌和骑兵旁牌模型

　　蒙古骑兵不常备盾牌，在元朝建立以后才常备盾牌。其中，骑兵旁牌是挂于左臂上的圆形小盾牌，用以抵挡飞箭。

元铜骨朵模型

　　骨朵是蒙古人常用的打击类兵器。木柄的一端有带乳钉的铜棒头，用之敲击敌人能够增加打击的力度。

蒙古大军的强悍，还在于其早年采取了将游牧生产和行军远征结合起来的征战方式。

　　蒙古大军西征时，十几万大军携带了数以百万计的马匹、牛羊，牧群一天就要吃掉 50 多平方千米的青草。蒙古统帅在征战期间的任务，包含了给这些牲畜找到足够多的草料，规划马匹的训练休养。移动的羊群是蒙古人流动的粮仓，大大解决了军队远征时的粮草问题。

　　12—13 世纪时，宋、金、蒙古互相攻伐，大量火药武器在战争中被投入使用。这一时期已经出现了用竹筒装填火药发射铁、铅和石制的球形炮弹的武器（即突火枪）。元朝建立以后，开始用铜制作炮管，制作出了威力更大的铜火铳。

火铳用金属做管，发射的原理与突火枪一样，都是利用火药在药室内燃烧后产生的气压把弹丸射出，但产生的杀伤力比抛射火药包大得多。可以说，这是中国古代最接近现代步枪的热武器。为了继续加大武器的攻击力，人们又发明了碗口火铳，它可以算是现代意义上的小型火炮了。不过这种碗口火铳射速慢，射程近，且没有瞄准具，所以命中率较低。

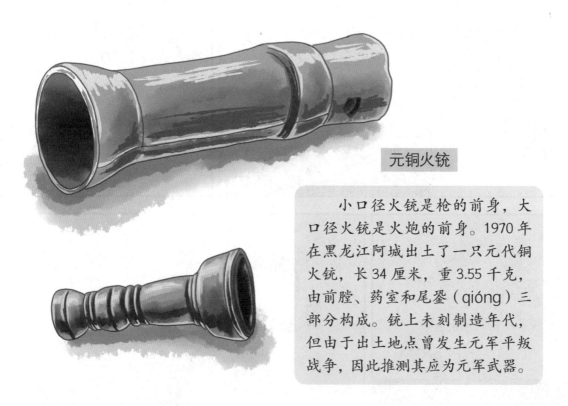

元铜火铳

小口径火铳是枪的前身，大口径火铳是火炮的前身。1970年在黑龙江阿城出土了一只元代铜火铳，长34厘米，重3.55千克，由前膛、药室和尾銎（qióng）三部分构成。铳上未刻制造年代，但由于出土地点曾发生元军平叛战争，因此推测其应为元军武器。

元铜手铳

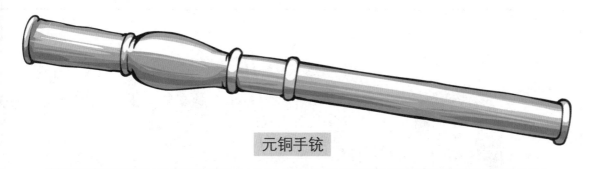

出土于山东青州苏埠屯。手铳尾銎刻有"射穿百札、声动九天"的铭文及制造年份。尾銎口缘的两侧有2个小孔，装上木柄后可用铁钉固定。

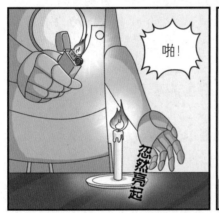

其实这不是魔术，只是一种光学现象。

火苗怎么倒过来了？洋洋你变了什么魔术？

光是沿直线传播的。当我们在纸杯底部开一个小孔，把膜片贴在杯口做成屏幕，就会看到蜡烛的实像倒立地投射在了屏幕上——这就是"小孔成像"。

如果增大屏幕和小孔之间的距离，还会看到蜡烛火苗越变越大哦。快来试试吧。

中世纪最大的光学实验

早在春秋战国，墨子就和学生做了小孔成倒像的实验，并且解释了其中的原理——这是目前有记载的最早的小孔成像实验。到了 13 世纪中叶，元代科学家赵友钦做了一次大型的小孔成像实验，验证了墨子的理论并对其进行了补充——赵友钦的实验记录在《革象新书》中的《小罅光景》一章中，堪称中世纪最大的一次光学实验。赵友钦对光学规律的阐述比德国科学家博托早了 400 多年。

经过长期观察、实验和分析，赵友钦总结出了许多结论。赵友钦建立"小孔成像"实验大楼，以证实所得出的结论。赵友钦在《革象新书》中将实验分成五个阶段：首先在光源、小孔、像屏三者距离保持不变的情况下，观察成像结果；第二步，改变光源的形状，做"小景随日月亏食"的模拟实验；第三步，改变像距，观察像距与成像结果的关系；第四步，改变物距，观察物距与成像结果的关系；最后，改变孔的大小和形状，再观察成像结果。这样的实验步骤设计是非常科学的。

赵友钦像

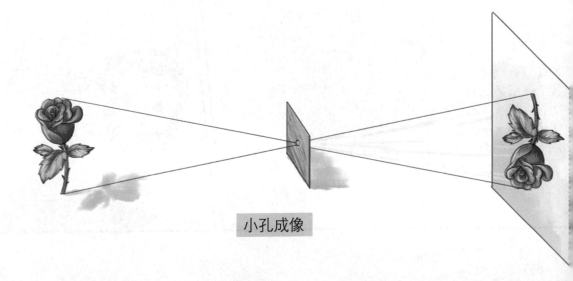

小孔成像

50

赵友钦在房间的两个地板上挖了两个直径约 4 尺的圆井，右边的井深 4 尺，左边的井深 8 尺。他先在左边的井里放一张 4 尺高的桌子，又做了 2 块大小与圆井平面相等的圆板，在板上各插上 1000 多支蜡烛，一起点燃。然后在 2 个井口各盖上一块圆木板，在左边木板的中心开边长约 1 寸的方孔，右边的板上开边长 0.5 寸的方孔，然后观察两边的成像情况。

　　根据这个步骤的观测，赵友钦得出结论：在光源形状、像距、物距不变的情况下，所成像的形状不变；不同大小的小孔仅能影响光线强弱。然后，赵友钦又通过减少蜡烛、移除高桌等方法，改变了实验条件，并一一记录了成像结果。

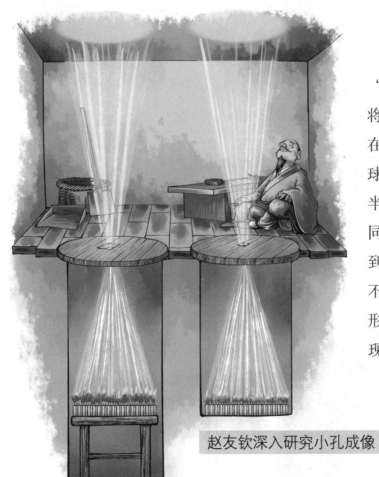

赵友钦深入研究小孔成像

　　赵友钦还研究了"月体半明"问题。他将一个刷了黑漆的球挂在屋檐下，将之当作月球，他发现黑球总是一半亮、一半暗，人从不同位置去看黑球，会看到黑球反光部分的形状不同。他通过这个实验形象地解释了月的盈亏现象。

要是你找到数学的乐趣，就不会害怕考试了。

那要怎样才能找到数学的乐趣呢？

我给你介绍一些好玩的数学工具吧。

说起运算工具，你首先想到的是什么呢？

当然是计算器。

现代工具不算。

我看过古人的算筹，那种像筷子一样的小棍子。

算筹……算……算盘也算吧？

没错，这些都是古人的运算工具，而且算盘就是从算筹演化而来的。

算盘的出现

算盘在古代叫"算珠"，虽然东汉时已有记载，但清朝学者钱大昕等人认为，算盘是在元朝中期才出现的。到了元末明初时，算盘已经在社会上很普及了。元朝学者陶宗仪在《南村辍耕录》中就曾用算盘来形容奴仆，他说：刚招进来的仆人，不用吩咐就会自己做事；但时间一久，他们就像算珠，要拨一拨才会动一动；最后，老仆人会变得像佛顶珠一样，一动也不动了。这段描述说明在元朝晚期，算盘在民间已经非常普及了。

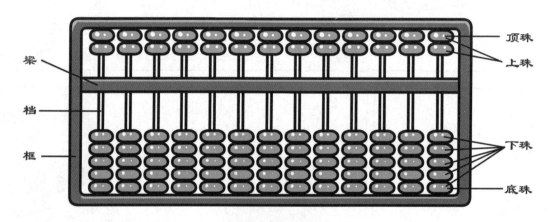

算盘的构造

算盘中有一道横梁把算珠分隔为上下两部分，上半部每颗算珠代表5，下半部每颗算珠代表1。每串珠从右至左代表了十进位的个、十、百、千、万位数。这种工具设计精妙，现在常被西方人用来帮助小朋友理解数学。

宋朝算珠

20世纪，随着新的考古发现，研究者们又推测算盘的起源可能早于宋代。1921年，在河北巨鹿曾经出土了一颗出于宋人故宅的木制算盘珠，虽然已被埋没几百年，但仍可见其为鼓形，中间有孔，与现代的算珠毫无二致。

让数学深入浅出的魔法

元朝是一个数学大家辈出的时代，宋元时期四大数学家中有三位都曾在元朝生活。其中，李冶在数学上的主要贡献是"天元术"，即设未知数并列方程的方法。此外，他还研究了直角三角形内切圆和旁切圆的性质，并将自己的研究成果记录在《测圆海镜》等书中。李冶很擅长利用图解的方法讲授数学问题，不但直观，而且深入浅出，很受热爱数学的人士的喜爱。17 世纪时，比利时数学家还将他的著作引进了欧洲。

杨辉和朱世杰都对"垛积法"，即高阶等差数列的求和方法进行过深入研究，且在数学教育方面做出过重大贡献。杨辉设计的纵横图、"杨辉三角"，直到今天仍是很多小朋友的数学启蒙游戏。

《测圆海镜》中的测圆图例

中国古代数学中的"测圆术"，主要是指通过构造直角三角形的方式计算出给定圆的直径，一般用在城市规划、测量工作中，因此这类问题又叫"圆城图示"。

朱世杰像

朱世杰在自己的数学著作《四元玉鉴》中提出了"四元术"，也就是列出四元高次多项式方程，以及消元求解的方法。

元朝的农业著作

元朝建立以后，政府开始大力推动农业发展。出现了第一次兼论南北农业生产技术的总结，那就是王祯的《农书》。

《农书》中的《农器图谱》占了全书内容的80%左右，记载了105种农具，这些农具有一部分是根据宋以前的旧农具改良而来，有些则是元朝民间新出现的农具。不过其中很大一部分，现在已经不可考证了。除此以外，《农书》中还有一部分农业总论，阐述了作者的农业思想，以及记述栽种技术的《百谷谱》。

《农书》还针对南方遍布的水田，列出了耘耙、耘爪等适合在水田中使用的工具。

耘荡

耘荡顶部的木梁上有很多金属倒刺，农民使用这种工具可以不弯腰除草耘田。

耘爪

古代南方农民常常在夏天最热的时候站在水田中，用两只手播种、除草，非常辛苦。而《农书》中记载了一种金属爪子——耘爪可以帮助农民加快劳作进度。

耘耙

耘稻禾的工具，木柄上有铁制粗齿，使用它可以轻松攫取水田中的野草。

耧车是一种播种工具，它设有 3 个犁铧，犁铧上面是料斗，种子装在其中，由牲畜牵引，可以一边翻土一边播种。这种工具西汉时已经出现，但王祯的《农书》第一次用图画的形式记录了它的结构。

　　《农书》中还记载许多适合北方小麦种植区的农具。比如推镰，这是一种收割麦子的工具，比传统镰刀收割的速度更快、更省力。

推镰

一种手推收割农具，可以让农民不弯腰地高效割麦秆。

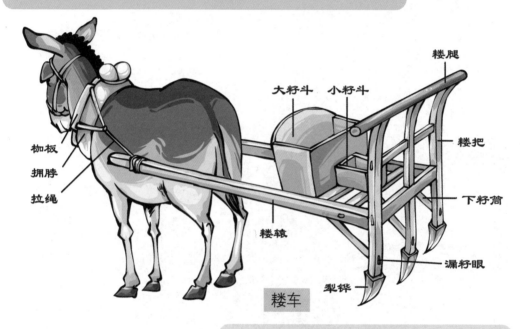

大籽斗　小籽斗

耧腿

枷板
拥脖
拉绳

耧把

下籽筒

漏籽眼

耧辕

犁铧

耧车

耧车又称"三脚耧"。用一头牲畜牵引，可在平整好的土地上开沟播种，同时进行播种、覆盖和镇压，一举数得，省时省力。

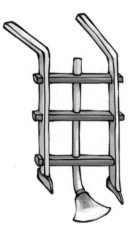

耧锄

耧锄是一种畜力中耕工具，可以对土壤进行浅层翻倒、疏松表层土壤，形似耧车，但没有耧斗和犁铧。

王祯非常重视水利灌溉，他还在书中提出了多种旱地处理方法，如南方旱地的"开渠作沟法"、北方旱地的"内外套翻法"等。他还通过自己的摸索，对一些农具进行了改良创新，比如书中记载的牛转翻车、水转翻车——这些工具都由王祯自己创制，经过试验之后才载入《农书》。牛转翻车、水转翻车是高脚筒车的升级版，以畜力或水力作为动力源，采用齿轮传动，带动缀满竹筒的链条移动，可以将低洼处的流水提到高处送入灌溉水渠。

　　王祯还提出要耕、织并重，不可忽视其他作物种植和家禽家畜的畜养工作，这种综合发展农业的思想在古代是一种创新。

水转翻车

　　水转翻车除了使用链传动装置，还使用了多组齿轮传动。它利用水力驱动水轮，再带动翻车工作，将人力彻底解放出来，实现了"全自动化"。水转翻车不仅省力，而且输水灌溉可日夜不息，极大提高了农业生产的工作效率。

《农桑辑要》是元代初年司农司编纂的综合性农学著作，成书于 1273 年，当时黄河流域经历了多年战乱、生产凋敝，此书编成后颁发给各地作为指导农业生产之用。这本书实际上是对 13 世纪以前的农耕技术经验加以系统总结研究记录的成果。

《农桑辑要》尤其重视对于经济作物如棉花、苎麻的栽培，相关技术的介绍对农民而言实用性很强，指导意义很大。经济作物即食用需求以外、用于商品贸易的农作物，一般有棉、桑、苎麻等。古代有一句俗语："种稻可活，种桑可富"，体现了种植经济作物对社会财富积累的意义。

草棉花朵

草棉

棉籽纺线后织成的棉布，大部分人都消费得起，具有巨大的经济价值，因此成为《农桑辑要》中提倡种植的作物。书中对种棉的技术介绍得很详细，从土地选择、选种、浇水、间苗、打心以及摘棉都有科学的技术介绍。

草棉原产于西亚地区，后被引种至中原。该品种植株较小，生长期短，约 130 天可结种，极适于中国西北地区栽培。

除棉花外，桑也是书中大力提倡的经济作物。《农桑辑要》和王祯的《农书》中都记载了种桑养蚕的相关知识，有桑树的病虫害处理、嫁接桑树的方法等。书中介绍的处理桑树病虫害的方法都很实用，比如用铁线做钩钩出虫子、用硫黄烧烟熏虫子、把桐油纸烧成纸灰塞在树的根部防止虫子侵入。但根本解决病虫害问题的办法，还是通过嫁接改良桑树的品种，提升其对害虫的抵抗能力。

蚕桑业原本在陕西等地发展得很好，但战争使这一带的生产受到了破坏，所以从南宋开始，蚕桑业的重心逐渐从北方移到了南方。至元朝时，南方的育蚕桑技术已比北方先进，规模也比北方大。

养蚕

南宋《陈旉农书》和元初《士农必用》中记录了很多养蚕的知识，比如对于蚕卵要进行选择，把卵放在温度较低的地方一段时间后，仍然存活的都是比较强壮和健康的蚕卵。

推动纺织业发展的奇女子

元朝时，纺织业迎来了一位织造技术改革家——黄道婆。她年轻的时候曾经在海南岛生活30多年，跟随当地黎族妇女学习纺织技术。晚年，黄道婆回到自己的家乡松江，她在当地投身棉纺工作，改良纺织工具，带领乡民制造了擀、弹、纺、织棉花的专用机具，她还开创了一套融合黎族纺织和松江纺织优点的新织造技术，用这套方法织出的面料花色丰富、图案精美，生产效率也大大提高了。黄道婆因此被后人誉之为"衣被天下"的女纺织技术家。

轧棉搅车

棉花在纺成线之前要先去除棉籽，这项工作以前是手工操作，效率非常低。黄道婆改良了黎族的轧棉机并将其推广到江南，提升了棉纺行业的效率。

三锭脚踏纺车

黄道婆吸收海南黎族纺车优势，制造出三锭脚踏纺车，这种纺车后来又被江南工匠改进为四锭脚踏纺车。脚踏的力量更大，还能让操作者腾出双手握棉抽纱，这样便能同时纺三根纱，速度快、产量多。

黄道婆在黎族织布机的基础上，发明了平纹织布机、提花机等新型织造机械，并把从黎族人民那里学来的织造技术，结合自己的实践经验，总结成一套较先进的"错纱配色、综线挈花"的技术，在松江大力传播。元朝学者陶宗仪曾在《南村辍耕录》中记载：黄道婆带领乡人织出的布料上有折枝、团凤、棋局等图案，看起来精美得就像是用手画上去的一样。这些面料可以直接做成被、褥、衣带等物件，广受社会各界欢迎。

黄道婆改良的脚踏织布机

　　脚踏式织机也称为投梭机，以脚踏代替了手摇，显著提高了生产效率。织布时，织工端坐在织布机的布柱前，双脚踩踏板上下交替，双手轮换操作机杼和梭子，织布梭子从两层经线中间穿过，带领纬线与经线交错，再通过机杼的挤压便形成了布匹。

在引进黄道婆先进的棉纺织技术后，松江府以及整个长三角地区一跃而为中国著名棉布纺织中心，棉花种植产业也有了很大发展。

棉花弓

黄道婆在南宋小弹弓的基础上，用檀木制作了大弓，并改良了弓弦。她设计的这种弓一直沿用到现在。

弹棉花

使用棉花弓弹棉花可以让棉花变得松软，还能去除棉层中的杂质。黄道婆改良了南宋的棉花弓，把小弓放大，并用更结实的麻绳代替了小弓的线弦。后来匠人们又用丝弦取代了绳弦，并一直使用到现在。

为什么这个罐子这么值钱啊?

自然是物以稀为贵了。青花这种釉色是元代才开始流行的,但元代青花瓷很少,而用青花画人物的就更少了。

这种描绘人物故事的元代青花罐,目前世界上只有9件。

那其他几个罐子都在哪里呢?

大部分在全世界的博物馆中,也有几件在私人收藏家手里。

好啦,这边还有很多元代瓷器可以看哦。

价值连城的元青花

　　青花是一种大家熟悉的瓷器釉色，是用含氧化钴的钴矿为颜料，在陶瓷坯体上描绘纹饰，描画完毕再罩一层透明釉，经高温还原焰一次烧成。钴料经过烧制，会呈明亮的蓝色，与瓷胎的雪白互相映衬，美丽又大方。

　　青花瓷的雏形在唐宋时便已出现，不过这一时期由于钴料质量不高，烧造工艺不成熟，所以产出的青花瓷很粗糙。到元朝时，景德镇的匠人使用了一种叫苏麻离青的钴料，烧出了一批色彩明艳动人的瓷器，这才让青花瓷受到人们欢迎，成为一个成熟品种。不过元朝的青花瓷产量很低，这主要是由于钴料稀少且昂贵所致——中国最早使用的一批苏麻离青，来自现在的伊拉克地区。元朝末年的战乱，切断了苏麻离青的运输，于是工匠们只能用中国本土产的钴土作为原料，但这样烧出的青花颜色发黑，品相远不如"苏青"，即用苏麻离青烧出的青花。

　　元青花工艺精湛，存世量又少，所以成为收藏界趋之若鹜的藏品。

元青花缠枝牡丹纹罐

　　元青花的纹饰最大特点是构图丰满，层次多而不乱，主题纹饰的题材有动物、植物、人物等。这个元青花缠枝牡丹纹罐现藏于故宫博物院。

元朝时，景德镇系窑厂还创烧了一种叫釉里红的釉色——釉里红的烧造流程与青花类似，用氧化铜作为钴料，描画好纹样后再施一层透明釉，然后入窑在 1300℃ 左右的高温中一次烧成。烧好的釉里红为白底暗红花纹，颜色稳定、不张扬。到明朝以后，随着工艺的提升，釉里红中的红色越发明亮了起来。

釉里红的烧造难度很大，如果炉温控制不好，可能烧不出颜色，或出现图案不连贯的现象，所以成品很少。人们都知道元青花罕见，价值连城，但其实元代釉里红比元青花更加珍贵。

元釉里红云龙纹大口梅瓶

梅瓶既是装酒的器具，又是装饰瓷器。早期的釉里红色彩以红色偏紫色或者红色偏黑色为主，甚少出现纯红色。

元釉里红玉壶春瓶

"玉壶春"指一种器形，腹大口小，主要用来装酒，在明清时很流行。这只瓶上部主纹是一雌一雄两只孔雀，孔雀身旁有 13 支缠枝牡丹；瓶下腹部有 8 瓣莲瓣纹。

元青花和釉里红能创烧成功，离不开瓷胎原料的升级。宋代时，景德镇的窑厂工人在当地发现了一种洁白细腻、可塑性强、耐火的黏土，便将其加入了瓷胎之中——这种黏土就是高岭土。匠人发现，高岭土可以增加瓷胎的耐高温能力，即便窑温超过1100℃，瓷胎也不会变形；用高温烧出的瓷器，不仅颜色更加明亮、胎质更细腻，结构也更坚固。于是，这种黏土就成了中国瓷器的"秘方"。几百年后欧洲制瓷工厂烧出的瓷器仍然不够坚固，甚至拿杯子喝水时把手都会脱落，正是因为瓷胎中缺少了高岭土。

小知识

高岭土是一种洁白细腻的黏土，具有良好的可塑性和耐火性等理化性质，用途十分广泛。

高岭土开采

在瓷胎性能稳定后，景德镇的匠人才得以创烧各种新品种瓷器。除前文中的青花、釉里红外，他们还创烧出了一种卵白釉瓷。这种瓷器的胎体一般比较厚重，釉色白中带青，看起来像鸭蛋壳一样，因而得名"卵白"。卵白釉瓷经常会用模印的方法进行装饰，题材通常有云龙纹、芦雁纹、缠枝花纹等。施釉前需要在釉料中添加草木灰，增强釉的黏性，使烧出的釉质更加细腻、温润。

元卵白釉飞雁衔穗玉壶春瓶

这件瓷器高 29 厘米，器形周正，胎体厚实，造型俊美，具有元代玉壶春瓶的典型特征。由于存世极少，所以非常珍贵。

元卵白釉暗刻五彩戗金碗

碗上有"枢府"二字，枢府是元代军事指挥机构枢密院的简称，因此推测瓷碗是为元代皇宫烧造。碗上除施卵白釉之外，还用红、紫、黄、蓝、白、绿描画图案，采用堆花立粉的技艺作装饰并加嵌了金片。

元青花釉里红开光贴花盖罐

在成功烧造青花、釉里红等品种之后，景德镇的匠人们还将这两个难度极大的品种结合起来，烧出了青花釉里红。青花釉里红烧造难度极大，成品率不足 15%，因为其使用钴料不同，对烧成温度以及对窑室气温的要求也有差异，所以要达到两色和谐交融的状态，就十分考验工匠对工艺的把握。元朝灭亡后，明朝也曾短暂地烧制出过青花釉里红，但流传下来的实物很少，一直到了清朝康熙时期才又烧制成功。

这件瓷罐不仅采用了青花和釉里红两种工艺，还饰有浮雕，综合了绘、镂、塑、模印、贴等多种技法，代表了元代瓷器的最高水平。

镔铁制宝剑

镔（bīn）铁是古代的一种钢，原产自波斯、北印度等地，约在南北朝时传入中原。镔铁是制作宝刀、宝剑的好材料，但由于制作工艺要求高、耗时长，所以产量很少。在金朝灭亡后，镔铁冶炼技术几乎绝迹。直到元代，大量工匠从波斯等地涌入内地，镔铁冶炼技术才重新兴盛起来。为了确保镔铁制品的生产，元朝还设置了"镔铁局"，监管镔铁生产。元朝不仅用镔铁制作各种刀剑，还利用其纹理的美观，制作出了各种镔铁装饰品。元朝武士很推崇的宝刀"大马士革刀"就是用镔铁打造的。

镔铁锻造工艺

用镔铁锻造刀剑的时候，除了要把表面磨得很光滑以外，还要在表面用腐蚀剂处理，使它露出花纹。腐蚀镔铁的腐蚀剂为黄帆（硫酸铁），腐蚀后出现的花纹为螺旋花和芝麻雪花等。

转轮排字架和套色印刷

北宋时，毕昇发明了活字印刷术，大力推动了印刷产业的发展。毕昇使用的字印是陶泥做的，印刷时经常字迹不清晰。于是到元朝时，王祯革新了印刷技术，发明了木活字，克服了胶泥活字的缺点。后来他又发现，几万个木活字堆在一起，排字很费工夫，为了提高排字效率，他发明了"转轮排字架"。

转轮排字架主要由大转盘和轮轴构成，可以转动，轮盘上放着圆形竹框子。要同时准备两个轮盘，一个放筛选出将使用的活字，另一个放常用字。先将木活字按韵分类摆放，每韵每字都编上号码，并记录在2本册子中。排版时，一个人根据册子报出号码，另外一个人从2个轮盘上取出活字。由于两边都可以取字，所以比过去的排版方法快捷多了。

轮盘排字架复原模型

这种排字架像两张大圆桌，由轻质木料支撑，使用时可自由旋转，双手同时操作，取字效率很高。

转轮排字架

这种排字架在排字时以字就人，减轻了排字者的劳动强度，提高了排字的效率，是排字工作中的一次重要革新。

宋元时期，套色印刷技术兴起。套色印刷是指用几种不同的颜色分多次印刷，这是最早的彩色印刷技术。彩色套印对印刷技术要求相当高，有几个颜色就要印几次，如果印制过程中各套板块不吻合，或是刻版时印版上的字位置不准确，就会让颜色杂乱地叠在一起，印刷出来的文字就无法阅读。

　　世界上现存最古老的套印书是 1340 年由湖北江陵资福寺发行的《金刚经注》，它的正文与注释、卷首扉页都是红黑两色印刷。

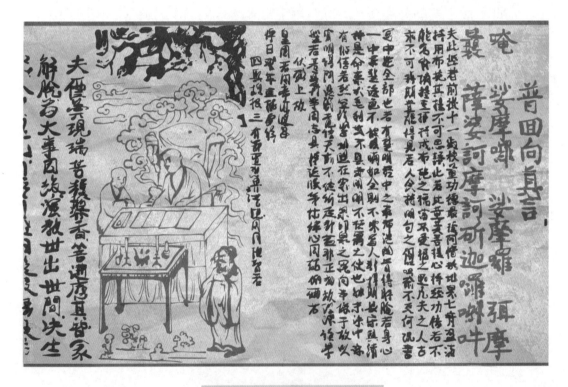

元《金刚经注》卷首绘画

　　这部现存最早的双色套印本《金刚经注》的卷首有一幅精美的扉画，扉画中央坐着一位正在注经的和尚，和尚身边站着一个书童，图的右下角站立一人，连同注经和尚前边的书案、方桌、灵芝和身后的云朵，均为红色，图上方的松树为黑色。正文经注也由红黑二色印成。

先进的印刷技术，推动了出版行业的兴盛，使元朝时各种历史书、科学著作、杂剧剧本都以书的形式记录、发行。元版书在装帧设计上，也较宋版书有所提升。

　　五代、北宋时的书基本上都是"蝴蝶装"的形式。元代的书籍盛行"包背装"，它改进了"蝴蝶装"的许多不足，使书籍阅读、收藏更加方便。"包背装"还将书的封面改为软纸和布帛，这使元版书不仅有了自己的风格，而且比宋版书更加精致。

　　元版书的字体多用赵字体即赵孟体，仍属宋体字体系，但比宋体字圆润、秀媚柔软。元体字区别于宋和明，所以在书籍字体史上显得别有一格。

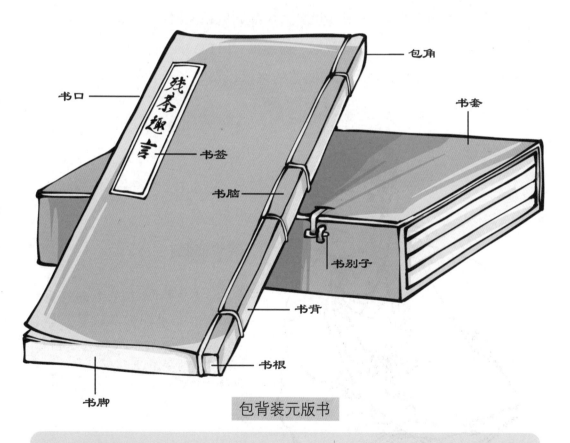

包背装元版书

　　包背装是将书页背对背地折起来，使有文字的一面向外，版口作为书口，然后将书页的两边粘在书脊上，再用纸捻穿订，最后用整张书衣包裹书页制成封面。

曲艺的繁荣

元朝继承了宋朝丰富的文化生活，杂剧和散曲在民间很流行。这一时期，社会上出现了一批曲艺作家，他们的剧目通过剧团演绎风靡民间，剧本也通过印刷发行留存到了现在。这些剧目中有不少作品直到今天仍是影视剧本的灵感来源。

元曲四大家之首是关汉卿，他编有杂剧67部，现存18部，其中代表作有《窦娥冤》《救风尘》等。他的作品题材广阔，深刻地揭露了元代腐朽黑暗的社会现实，表达了对底层人民的同情。在19世纪末，他的《窦娥冤》等作品还被翻译到欧洲，已成为世界人民共同的精神财富。

四大家中的另外三位是马致远、郑光祖、白朴，他们留下的作品有《倩女离魂》《墙头马上》等。元朝曲艺的兴盛，奠定了后面几百年戏曲在中国繁荣的基础。

关汉卿像

关汉卿写下了多部经典杂剧，其中如《窦娥冤》等剧还不断被后人改编成京剧、影视剧，一直上演到现在。

阿拉伯药材传入中国

元朝时，欧亚大陆的交通被打通，使得东西方文明再次交流起来。阿拉伯医圣伊本·西那的《医典》传入中国，没药、乳香、阿芙蓉等阿拉伯药材开始应用于中医药学。传统中药主要是将药材熬成汤剂，阿拉伯药材的传入，帮助推动了中药由汤剂向丸、散、膏、丹等剂型的转换。

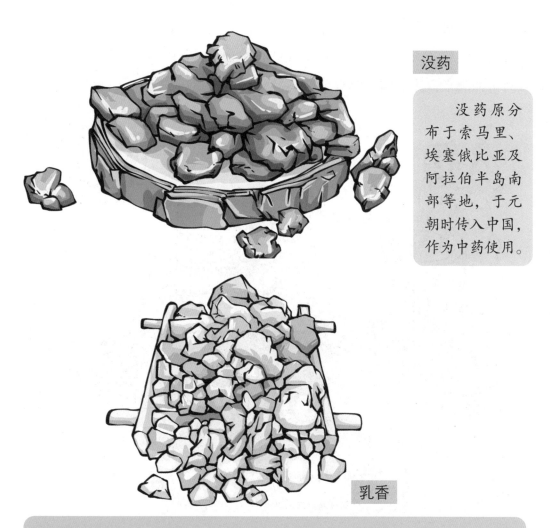

没药

没药原分布于索马里、埃塞俄比亚及阿拉伯半岛南部等地，于元朝时传入中国，作为中药使用。

乳香

乳香原产自北埃塞俄比亚、索马里以及南阿拉伯半岛苏丹、土耳其等地，呈长卵形滴乳状。

酿造技术的提升

今天我们提到的白酒往往是高度数的酒。但其实在古代，这种烈性酒应该叫烧酒。烧酒是用蒸馏工艺制得的，这种工艺正是在元朝时，从阿拉伯地区传入中原。

蒙古人在进入中原以前，生活在天寒地冻的地方，所以喜欢喝高度数酒。他们远征西亚时，获取了蒸馏酒技术，并在元朝建立以后将其引入了内地。元朝政府鼓励民间酿酒、卖酒，这一时期的酿酒行业很兴盛，元代作家姚燧就曾在《牧庵集》中记载道：京城中有数百家酒肆，每天酿酒、卖酒，产量大的酒坊每天光酿酒就要耗费 300 石粮食，1 个月耗费 1 万石，这数百家酒坊加起来，光是用的粮食就数不胜数。

古人酿酒

元朝诗人朱德润在《轧赖机酒赋》中记载道：烧酒原名阿剌奇，元时西征欧洲，归途经阿拉伯，将酒法传入中国。李时珍在《本草纲目》中也说："烧酒非古法，自元始得其法。"

后记

　　华夏五千年的历史源远流长，各种重要的科技成就层出不穷，为人类文明的发展作出了不可磨灭的卓越贡献，这是我们每一位中国人的骄傲。不过，我国虽然历来有著史的传统，但对专门的科技发展史却着墨不多。近现代，英国科技史专家李约瑟所著的《中国科学技术史》是一部有影响力的学术著作，书中有着这样的盛赞："中国文明在科学技术史上曾起过从来没有被认识到的巨大作用。"

　　不过，像《中国科学技术史》这样的科技史学著作篇幅浩瀚，囊括数学、天文、地理、生物等各个领域。如何把宏大的科技史用浅显的语言讲述给孩子们，是我一直思考的问题。让儿童也了解我国的科技史，进而对科技产生兴趣，对华夏文明产生强烈的自豪感，那真是意义非凡。

　　经过长时间的积累和创作，这套专门给少年儿童阅读的中国科技史——《科技史里看中国》诞生了。希望这套书的问世能填补青少年科技史类读物的空白。这套书图文并茂，故事性强，符合儿童的心理特点，以朝代为线索将科技史串联起来，有利于孩子了解历史进程。

　　希望《科技史里看中国》能够带孩子们纵览科技史，从历史中汲取智慧和力量，提升孩子们的创造力和科学素养。